TRAVAIL DU LABORATOIRE DE PARASITOLOGIE DE LA FACULTÉ DE MÉDECINE

CONTRIBUTION A L'ÉTUDE

de l'action des

RAYONS CHIMIQUES DE LA LUMIÈRE

SUR LA PEAU ET SUR LES MICROORGANISMES

PAR

Le Dr André CAPDEVIELLE

LYON

A. REY & Cie, IMPRIMEURS-ÉDITEURS DE L'UNIVERSITE

4, RUE GENTIL, 4

1901

CONTRIBUTION A L'ÉTUDE

DE L'ACTION DES

RAYONS CHIMIQUES DE LA LUMIÈRE

Sur la peau et sur les microorganismes

TRAVAIL DU LABORATOIRE DE PARASITOLOGIE DE LA FACULTÉ DE MÉDECINE

CONTRIBUTION A L'ÉTUDE

de l'action des

RAYONS CHIMIQUES DE LA LUMIÈRE

SUR LA PEAU ET SUR LES MICROORGANISMES

PAR

Le Dʳ André CAPDEVIELLE

LYON

A. REY & Cⁱᵉ, IMPRIMEURS-ÉDITEURS DE L'UNIVERSITE

4, RUE GENTIL, 4

1901

A MON PÈRE et A MA MÈRE

Je suis heureux de dédier ce modeste travail
comme hommage de ma sincère reconnais-
sance et de mon inaltérable affection.

A MA SŒUR et A MON BEAU-FRÈRE

Témoignage d'affectueux attachement.

A MES ONCLES et TANTES

A TOUS MES PARENTS et AMIS

INTRODUCTION

Depuis quelques années, la lumière compte au nombre des agents physiques utilisés en thérapeutique et y occupe une place importante. Le professeur Finsen, le premier, a nettement démontré son efficacité dans le traitement des maladies parasitaires en général et du lupus en particulier. Appliquée dans un Institut spécialement organisé à cet effet, sa méthode produit les meilleurs résultats ; mais elle comporte de telles difficultés qu'il était nécessaire de la simplifier pour la mettre à la portée de tous les praticiens. C'est là le grand mérite de nos éminents maîtres, MM. le professeur Lortet et le Dr Genoud. Leur nouvel appareil est déjà employé avec succès dans plusieurs hôpitaux de France et de l'étranger. A Paris, notamment, M. le Dr Lerredde a publié dans la thèse d'un de ses élèves, M. le Dr Lepeut, plusieurs observations de malades, sinon complètement guéris, du moins considérablement améliorés.

Nous avons nous-même traité au Laboratoire de Parasitologie, pendant cette année scolaire, plusieurs malades de la clinique de M. le Professeur Gailleton ; trois d'entre eux ont été complètement guéris ; chez tous les autres, nous avons obtenu une amélioration notable. Mais nous nous garderons bien de donner cette statistique comme un aperçu de ce que vaut la méthode. Privé des avantages que l'on trouve dans un service hospitalier bien organisé, nous avons opéré dans des conditions nécessairement défectueuses. Néanmoins, nous avons eu la satisfaction de voir adopter ce nouveau traitement par l'Administration des Hospices de Lyon et, dans quelques jours, un service régulier de photothérapie fonctionnera à l'hôpital Saint-Pothin. D'autres, mieux placés que nous, viendront dans la suite, avec les preuves cliniques en main, dire les avantages de la nouvelle méthode dans le traitement d'une maladie réputée de tout temps incurable.

Nous nous contenterons, pour notre part, de mettre au point certaines questions qui ont été agitées dernièrement dans divers Congrès de physique, au sujet du véritable rôle de la lumière.

Dans un premier chapitre, nous étudierons l'action nocive qu'exercent les rayons chimiques du spectre sur la peau et les applications pratiques qui en découlent au point de vue du traitement de certaines fièvres éruptives, la variole par exemple.

Dans un deuxième chapitre, nous attribuerons à ces mêmes rayons chimiques l'action microbicide que possède la lumière.

Notre troisième chapitre sera consacré à des expériences personnelles tendant à démontrer que, même dans l'appareil de MM. Lortet-Genoud, où le patient se trouve à une très petite distance du foyer lumineux, les rayons calorifiques ne doivent pas être mis en cause.

Ce modeste travail est le fruit de recherches poursuivies pendant cette dernière année scolaire dans le Laboratoire de Parasitologie. M. le Professeur Lortet nous a fait l'honneur de les diriger, avec la haute compétence qu'il a acquise en matière de photothérapie. Après nous avoir accueilli avec la plus grande bienveillance, il ne nous a ménagé ni ses conseils ni son appui. Nous le prions d'agréer ici l'hommage de notre respectueuse reconnaissance.

M. le Dʳ Genoud, Chef des Travaux de Parasitologie, a bien voulu guider nos premiers pas dans la pratique d'une nouvelle méthode thérapeutique à laquelle son nom sera désormais attaché. Les brillantes qualités de son esprit et l'affabilité de son caractère resteront parmi nos plus chers souvenirs. Nous le prions de croire à notre vive sympathie et à notre sincère gratitude.

A. C.

CONTRIBUTION A L'ÉTUDE

DE L'ACTION DES

RAYONS CHIMIQUES DE LA LUMIÈRE

Sur la peau et sur les microorganismes

CHAPITRE PREMIER

Les lésions produites par la lumière sur la peau saine et sur la peau malade sont dues aux rayons chimiques.

Les effets de la lumière solaire sur la peau humaine ont été connus de tout temps. Le coup de soleil, qui consiste en un érythème siégeant sur les parties exposées aux rayons solaires, visage, mains, nuque, est d'observation courante.

Moins intense, l'insolation provoque chez les personnes à peau blanche et fine, les taches de rousseur ou éphélides, qui ne sont qu'un excès de pigmentation en certains points. Plus prolongée. elle produit cette pigmentation étendue qu'on appelle le hâle.

Des accidents analogues sont observés avec la lumière artificielle; chez les ouvriers exposés au rayonnement lumineux des fours des verreries, on constate sur les parties découvertes un érythème intense, caractérisé par de larges plaques rouges [1].

[1] Dr Bayle, *la Photothérapie*, thèse de Lyon, 1901.

Enfin, à l'égal du soleil, l'arc voltaïque, s'il est assez intense, peut déterminer des accidents cutanés, et provoquer ce que l'on a appelé le *coup de soleil électrique*. C'est CHARCOT qui, le premier, signala cette propriété de la lumière électrique dans une Communication qu'il fit en 1858 à la Société de biologie.

« Deux chimistes s'étaient réunis pour faire en commun des expériences sur la fusion et la vitrification de certaines substances par l'action de la pile électrique. Ils firent usage d'une pile de Bunsen, forte de 120 éléments. Les expériences durèrent environ une heure et demie, mais dans cet espace de temps, l'action de la pile dut être fréquemment interrompue, et celle-ci ne fonctionna pas, en tout, plus de vingt minutes. A la distance à laquelle les expérimentateurs se tenaient du foyer (50 cm. environ), ils ne pouvaient pas être et n'étaient pas en réalité sensibles à l'élévation de température. Néanmoins, le soir même et pendant toute la nuit, qu'ils passèrent sans sommeil, ils éprouvèrent dans les yeux un sentiment de fatigue très pénible, et virent presque continuellement des éclairs et des étincelles colorés. Le lendemain, ils portaient l'un et l'autre à la face un érythème de couleur pourpre, avec sentiment de gêne et de tension. Chez M. W..., dont le côté droit de la face était seul exposé au foyer lumineux, la rougeur occupait tout ce côté, depuis la racine des cheveux jusqu'au menton, et les étincelles ne s'étaient montrées que devant l'œil droit, Chez M. M..., qui s'était tenu la tête baissée et dont la face proprement dite avait été protégée contre le foyer par la saillie du front, celui-ci était seul envahi par l'érythème. Sur l'un comme sur l'autre expérimentateur, l'aspect de la peau, dans les endroits atteints, était exactement celui d'un coup de soleil, une légère desquamation s'établit au bout de quatre jours et dura cinq ou six jours en tout. »

Mais jusqu'au milieu du siècle dernier, les accidents de ce genre étaient attribués aux rayons calorifiques, et les termes de *coup de soleil* et de *coup de chaleur* restaient confondus dans l'esprit des auteurs comme dans l'esprit du vulgaire.

Se basant sur les observations relatées plus haut, CHARCOT émit le premier l'opinion que les rayons chimiques étaient seuls en cause. Il ne pouvait s'agir pour lui de rayons calorifiques, étant donnée la grande distance qui séparait les expérimentateurs du foyer lumineux.

Les rayons éclairants n'étaient pas non plus à incriminer, comme le prouvaient les expériences de FOUCAULT qui, en présence d'étincelles électriques d'une intensité lumineuse insignifiante, avait été atteint de maux de tête et de troubles visuels considérables.

Cette opinion de CHARCOT, qui ne reconnaissait aux rayons calorifiques aucun rôle dans les accidents provoqués par le foyer éclairant, n'avait rien que de très fondé. A son appui, VIDMARK [1] et HAMMER [2] sont venus, dans la suite, apporter les curieuses observations de deux touristes des glaciers qui, à des températures au-

[1] WIDMARK, Ueber den Einfluss des Lichtes auf die Haut, *(Hygiea Fesband*, III).

[2] HAMMER, *Ueber den Einfluss des Lichtes auf die Haut*, Stuttgard, 1891.

dessous de zéro, avaient été atteints de dermatite, occasionnée par la forte réverbération solaire des champs de neige.

Quant à l'exclusion complète des rayons lumineux, elle fut moins universellement acceptée. Une discussion s'éleva à la Société de médecine et de chirurgie de Bordeaux entre M. le Dr Sous[1] qui incriminait les rayons chimiques, et M. le Dr Martin[2] qui admettait au contraire l'action exclusive des rayons lumineux.

Il fallait à la question une base scientifique, c'est M. le professeur Bouchard qui, le premier, s'appliqua à l'établir en 1862, dans le cours de ses *Recherches sur la Pellagre*. Il eut l'idée de dissocier le faisceau lumineux, en le faisant passer à travers un prisme : recueillant tour à tour chacun des faisceaux, au moyen d'une lentille au foyer de laquelle il plaçait la face dorsale de son avant-bras, voici les résultats qu'il obtint au bout de trente minutes :

Les rayons violets produisirent phlyctène.

Les rayons bleus produisirent cuisson et érythème.

Les rayons verts produisirent érythème très léger.

Les rayons jaunes légère cuisson.

Les rayons rouges ne produisirent aucune action.

---

[1] G. Sous, Eclairage électrique des théâtres. (Travail communiqué à la Société de médecine et de chirurgie de Bordeaux (séance du 22 juillet 1887) et publié dans le *Journal de médecine de Bordeaux*, 1887.)

[2] G. Martin, *Les accidents oculaires engendrés par la lumière électrique ne sont pas dus aux rayons chimiques* (Communication à la Société de médecine et chirurgie de Bordeaux, 22 juillet 1887).

Pour compléter l'expérience, il fallait établir, étant donnée une même lésion, quel était le temps nécessaire à chacun des faisceaux lumineux pour la produire. Voici quels furent les résultats obtenus :

Les rayons violets produisirent en douze secondes de la rougeur avec soulèvement de l'épiderme.

Les rayons bleus produisirent de la rougeur en quinze secondes.

Les rayons verts produisirent de la rougeur avec cuisson en dix-huit secondes.

Les rayons jaunes produisirent de la rougeur en dix-sept secondes.

Les rayons rouges produisirent de la rougeur en dix-huit secondes.

Enfin, M. Bouchard élimina les rayons calorifiques du faisceau lumineux, en lui faisant traverser un corps peu diathermane, mais capable, néanmoins, de laisser passer les rayons chimiques. Il réalisa cette double condition au moyen d'une nappe d'eau, et le résultat de ses précédentes expériences ne fut point modifié, preuve évidente que les rayons calorifiques n'étaient pour rien dans la production de l'érythème.

Les conclusions qui s'imposaient, après ces trois séries d'expériences, étaient les suivantes :

1° Les effets produits sont d'autant plus intenses qu'on a affaire à une région du spectre plus riche en rayons chimiques ;

2° Le temps nécessaire pour obtenir un effet identique est d'autant moins long qu'on opère avec des rayons plus réfrangibles, plus rapprochés de l'ultra-violet ;

3º Les rayons calorifiques sont absolument étrangers à la production de ces accidents. Ceux-ci sont dus exclusivement à l'action des rayons chimiques.

Ces expériences concluantes reçurent une éclatante confirmation de la part du professeur Vidmark[1], de Stockolm. Cet observateur eut recours au même procédé que M. Bouchard pour éliminer du spectre les rayons calorifiques.

Mais il imagina, en outre, d'exclure la plupart des rayons ultra-violets en projetant la lumière au travers d'une plaque de verre ordinaire. Observant ensuite les effets produits sur la peau, les deux sortes de rayons étant exclues alternativement, il obtint les résultats suivants :

1º Par l'action de tous les rayons, excepté les rayons ultra-violets, la peau ne présente aucun changement;

2º Par l'action de tous les rayons, excepté les rayons calorifiques, l'inflammation caractéristique se développe.

Citons, enfin, pour ajouter une nouvelle confirmation à cette théorie, les résultats auxquels est arrivé M. Hammer[2], de Stuttgard, dans ses recherches sur l'influence de la lumière sur la peau humaine. Ces résultats ont été relatés au deuxième Congrès de dermatologie tenu à Leipzig en 1891 :

..... 4º L'érythème solaire est provoqué par les rayons ultra-violets de la lumière. Il n'est donc pas nécessaire de s'occuper des autres causes;

[1] Vidmark, *Hygiea*, III.
[2] Hammer, Deuxième Congrès de la Société allemande de dermatologie.

..... 6° L'effet isolé de la chaleur sans lumière sur la peau est absolument différent de celui provoqué par la lumière ;

7° La lumière électrique, à cause de sa grande quantité de rayons ultra-violets, est très excitante pour la peau ;

8° Les étoffes ou préparations qui empêchent les rayons ultra-violets de tomber sur la peau, protègent celle-ci contre l'érythème solaire.

Il est donc scientifiquement démontré que l'action de la lumière est due, non aux rayons calorifiques, mais aux rayons chimiques du spectre. Cette notion nous permet de comprendre certains phénomènes d'observation courante, tels que l'intensité des accidents occasionnés par la lumière électrique, plus riche en rayons ultra-violets, et la plus grande fréquence des coups de soleil au printemps, saison à laquelle l'atmosphère, d'une grande pureté, se laisse plus facilement traverser par les rayons chimiques.

C'est aussi sur cette notion que s'est basé Finsen[1], après Unna[2], pour donner de la pigmentation une explication ingénieuse, dans son article sur *Les rayons chimiques et la variole*.

« On peut », dit-il, « regarder la pigmentation comme un processus utile, en tant que les matières colorantes empêchent les rayons lumineux de pénétrer

---

[1] Finsen, Les rayons chimiques et la variole *(Sem. médicale,* 30 juin 1894).

[2] Unna, Ueber das Pigment des menschlichen Haut *(Monatsch. für Dermatologie,* 1885).

profondément et protègent ainsi la peau contre leur action inflammatoire », opinion déjà exposée par Unna en 1885.

« Pour prouver l'exactitude de cette hypothèse », ajoute Finsen, « je fis, pendant l'été de 1892, des expériences sur mon avant-bras, qui n'est nullement pigmenté, et que je tiens ordinairement couvert. Afin d'imiter la couleur de la peau des nègres, je traçai à l'encre de Chine, sur mon avant-bras, une bandelette d'environ 2 pouces de large, puis je l'exposai à l'action d'un soleil très chaud pendant trois heures environ. J'enlevai ensuite la couleur noire, et la peau se montra au-dessous, parfaitement blanche et normale, tandis que, de chaque côté, elle était rouge. Après quelques heures un érythème bien localisé se développa, accompagné d'endolorissement et d'un léger gonflement. La délimitation, entre les parties atteintes de la peau et les parties normales, était extrêmement nette et montrait les mêmes petites inégalités qui existaient sur les bords de la bandelette noire. L'érythème dura quelques jours, ensuite la peau présenta une pigmentation assez forte. »

Et ne trouve-t-on pas journellement dans la vie courante des constatations analogues? Les canotiers, qui au printemps restent de longues heures exposés au soleil, voient leurs bras non habitués à la lumière se recouvrir d'une pigmentation abondante, tandis que leurs mains pigmentées ne réagissent pas.

Ainsi peut s'expliquer facilement la couleur des peuples et des races ; plus on s'approche de l'équateur, plus la coloration de la peau devient foncée ; plus on s'en éloigne, plus elle devient claire. D'après Finsen, les couleurs rouge et jaune des Indiens et des Mongols présentent ce caractère pratique qu'elles absorbent toutes les deux les rayons chimiques. Il va sans dire qu'il y a des exceptions et qu'il faut tenir compte des dispositions héréditaires transmises de génération en génération, mais, d'une manière générale, un Européen qui habite les pays tropicaux voit sa peau prendre une coloration plus foncée, tandis que la coloration noire de la peau des nègres venus en Europe s'atténue à un degré assez sensible.

On observe des faits analogues dans le règne animal. Chez les bêtes tachetées, l'érythème solaire n'atteint jamais que les parties de la peau qui ne sont pas recouvertes par les taches. De plus, un phénomène digne de remarque, c'est que chez presque tous les animaux, la surface la plus exposée aux rayons solaires, le dos, est d'habitude plus fortement colorée donc mieux protégée que la surface du ventre.

Si les rayons chimiques sont ainsi susceptibles de produire des affections aiguës de la peau, il est tout naturel pour Finsen de conclure que plusieurs maladies chroniques de la peau ont des rapports avec la lumière, et quant à l'étiologie et quant à la marche de la maladie. On ne peut en douter pour la pellagre et pour le prurigo estival de Hutchinson, manifestement influencés par la lumière, puisque l'érythème se développe nettement sous l'action du soleil printanier. De plus, Vejel et Wolters ont relaté quelques cas d'une sensibilité tout à fait extraordinaire de la peau d'ailleurs normale. « Même en s'exposant seulement pendant quelques minutes au soleil, l'érythème se développait. Les malades ne supportaient ni les rayons solaires directs ni la lumière diffuse du jour. » Dans le cas de Vejel, une irritation légère se produisit même sur la partie de la face tournée vers une fenêtre fermée de la chambre où séjournait le malade. Vejel fit porter un voile rouge et épais à ce malade, ce qui donna un résultat excellent.

Dans une autre catégorie on peut ranger les affections qui, sans dépendre étiologiquement des rayons chimiques, n'en sont pas moins défavorablement influencées par eux, la variole par exemple. « Car », dit Finsen, « quoi de plus naturel qu'une action nocive des rayons chimiques sur la peau malade, quand nous voyons de si fortes inflammations se produire par leur influence sur la peau saine ? »

LES RAYONS CHIMIQUES ET LA VARIOLE

L'application thérapeutique s'imposait : c'était l'exclusion des rayons chimiques comme traitement de la variole. Elle avait déjà été pratiquée par les empiriques du moyen âge, qui avaient l'habitude d'envelopper le varioleux de drap rouge et de le tenir dans un lit fermé par des rideaux de la même couleur. Une coutume semblable existe encore en Roumanie, au Japon et au Tonkin, ainsi qu'il ressort d'une relation du D^rLassabatie. Ce dernier, dans une lettre adressée à Finsen, raconte que dans plusieurs circonstances, ayant eu à soigner des indigènes atteints de variole, il a toujours pu constater que, déjà avant son arrivée, les malades avaient été enfermés dans une espèce d'alcôve herméliquement close par de nombreuses tentures rouges.

Mais ce ne sont là que des faits isolés et dépourvus de base scientifique. Au professeur Finsen revient l'honneur d'avoir jeté les fondements d'une nouvelle méthode, la Photothérapie, reposant sur les propriétés des rayons chimiques ; photothérapie négative quand elle consiste à exclure les rayons chimiques pour éviter leur action nocive : c'est le traitement de la variole ; photothérapie positive quand elle consiste à utiliser les propriétés bactéricides que nous prêterons plus loin à ces mêmes rayons : c'est le traitement proposé par Finsen pour les maladies parasitaires en général, et surtout pour le lupus.

Déjà, en 1832, Picton *(Archives générales de médecine*, XXX, p. 406) avait vu dans la suppression de la lumière une influence favorable pour l'évolution de la variole. « De tous les individus placés dans ces circonstances, qui sortirent guéris, aucun ne présenta la moindre trace de cicatrice. »

En 1867, Black *(The Lancet*, 1867, p. 792) citait plusieurs cas de varioleux non vaccinés qui, soumis à l'obscurité, avaient vu leurs pustules se flétrir sans devenir purulentes.

C'est un médecin lyonnais, le Dr Gallavardin, qui en 1876 vulgarisa en France ce procédé de traitement. Il avait été frappé des résultats obtenus en 1870 par deux médecins anglais, le Dr Waters et le Dr John de Glandesden, qui en réalisant l'obscurité complète dans la chambre des varioleux, étaient arrivés à arrêter la maladie à sa période vesiculeuse, à diminuer la douleur, le prurit et l'odeur. Les résultats obtenus par le

Dr Patin chez sept malades, pendant l'épidémie de 1870-71, étaient aussi encourageants.

D'ailleurs, cette « médication hygiénique » ne pouvait être nuisible et n'excluait nullement les autres traitements déjà en usage : autant d'avantages qui la faisaient préconiser par le Dr Gallavardin, mais sans enthousiasme encore. Plus tard, en 1892, lorsqu'il eut observé les bienfaits de ce traitement chez une petite varioleuse de la Charité, l'éminent docteur lyonnais vint fixer les règles à suivre. D'après lui, l'obscurité devait être complète et surtout ininterrompue. Une de ses malades présentait sur le nez quelques cicatrices à peine perceptibles, dues probablement à ce que sa chambre, vu l'indigence de la famille en tentures et en draperies, n'était pas dans une obscurité tout à fait complète. Et en terminant sa publication, le Dr Gallavardin exhortait ses confrères à « prescrire l'obscurité solaire aux varioleux, d'autant mieux qu'ils pourraient quand même les médicamenter à leur guise, s'ils le jugeaient opportun ».

Ses conseils allaient être bientôt suivis par Finsen. Interprétant ces résultats, le célèbre professeur danois fut d'avis qu'ils étaient dus à l'exclusion des rayons chimiques. Cette exclusion était déjà réalisée bien inconsciemment dans les différentes méthodes employées pour éviter les cicatrices, et consistant, soit à enduire la peau de teinture d'iode ou d'une forte solution de nitrate d'argent, soit à couvrir la figure d'un masque ou de compresses. Or, la teinture d'iode, qui teint l'épiderme en jaune, le garantit spécialement contre les rayons chimiques ; la solution de nitrate d'argent absorbe également ces rayons et teint plus tard la peau en noir, phénomène grâce auquel tous les rayons sont exclus. Lorsqu'on emploie des compresses imbibées de substances diverses, ce ne sont pas ces substances, mais les compresses qui agissent, en préservant la peau contre l'action de la lumière. Coste, qui recommande les compresses imbibées d'eau boriquée, a remarqué que là où les compresses ne recouvrent pas la peau, les cicatrices se produisent et non ailleurs.

Puisque les rayons chimiques étaient seuls en cause, il suffisait, d'après Finsen, de les exclure sans avoir recours à l'obscurité complète employée jusqu'alors. Il a réalisé ces conditions en filtrant la lumière solaire à travers des vitres et des rideaux rouges. Voici les points principaux du traitement :

« 1° L'exclusion des rayons chimiques doit être absolue. L'épaisseur de la matière rouge employée pour filtrer la lumière dépend de sa nature. Si l'on se sert de papier ou de cotonnade peu épaisse, quatre ou cinq couches suffiront peut-être. Si l'on se sert de flanelle assez grosse, on pourra se contenter de deux ou trois couches. Il est plus commode d'employer du verre rouge, mais, dans ce cas, il faut que le verre soit très foncé. Autrement dit, il faut protéger le varioleux avec autant de soin contre les rayons chimiques, que le fait le photographe pour ses plaques et son papier. Quant à la lumière artificielle, il ne faut se servir ni de lumière électrique, ni d'aucune sorte d'éclairage trop brillant. Les globes et les verres de lampe doivent être d'un rouge très foncé. Une bougie stéarique est permise à cause de son faible pouvoir lumineux. Elle peut servir pour examiner le malade et pour l'éclairer pendant ses repas.

2° Le traitement doit être continué sans la moindre interruption jusqu'au desséchement complet des vésicules. Même une courte exposition à la lumière du jour peut produire la suppuration avec ses suites Il est donc absolument nécessaire d'empêcher, par exemple en clouant les rideaux, les malades et les gardes-malades de laisser pénétrer la lumière, car il arrive que ces gens ennuyés d'être dans la demi-obscurité, ouvrent les rideaux et réduisent ainsi à néant les bons résultats espérés du traitement.

3° Il faut commencer le traitement aussitôt que possible (dès l'apparition de l'exanthème); plus on approche de la suppuration, plus la chance d'obtenir un bon résultat diminue.

4° Cette méthode n'exclut pas, mais permet tout autre traitement que le médecin jugera convenable.

5° Bien entendu, les décès par variole ne sauraient être empêchés par ce traitemeut, surtout avant la période de suppuration.

6° Si les malades sont soumis à temps à ce traitement et que l'on suive les règles ci-dessus exposées, le plus souvent la suppuration n'aura pas lieu et le malade guérira sans cicatrices, ou seulement avec des cicatrices rares et presque invisibles. Il est à noter que pendant les six à huit premières semaines, la peau reste couverte de taches hyperhémiques ou pigmentées, toutefois au bout de ce temps, celles-ci finissent par disparaître.

Les résultats cliniques vinrent bientôt confirmer la

théorie de Finsen sur l'influence des rayons chimiques
Chez les huit malades traités à Bergen (Norwège), par
le Dr Swenden « la période de suppuration ne parut
pas, aucune température ne se produisit, ni aucun
œdème, les malades entrèrent en convalescence nettement après la période vésiculeuse ». Encouragés par
ces succès, les professenrs Feilberg, Strangaard, Ben-
ckert adoptèrent le procédé et signalèrent à leur tour
ses bienfaits. Chez des varioleux où tout faisait pré-
voir une suppuration grave, la période vésiculeuse avait
marqué la fin de la maladie, et il ne s'était pas produit
de cicatrices.

Il ne manquait, comme derniere confirmation à la
théorie de Finsen, que des expériences de contrôle.
Elles furent pratiquées par le Dr Swenden. Il exposa
à la lumière solaire deux malades qui présentaient à la
figure des vésicules déjà flétries après traitement à la
chambre rouge, tandis que le dos des mains était couvert de papules ou de vésicules non encore desséchées,
ces dernières se mirent à suppurer sous l'influence de
la lumière solaire, tandis que les premières ne subirent
aucun changement.

Les résultats obtenus dans la suite par MM. les
Dr Krohn (sur trois cas de variole traités en lumière
rouge, Hopitalstende 1894) Moore (A case of small
pox and its lessons, *Dublin Journal of medical science*,
1894), et Abel de Bergen, furent pleinement identi-
tiques.

« Avec la méthode du Dr Finsen », dit M. le
Dr Abel, « nous possédons un traitement de la variole
qui, soigneusement suivi, modifie la marche de la

maladie si puissamment que la suppuration et ses suites peuvent être enrayées. »

En France, le traitement dit « de la chambre rouge »
a donné lieu à des appréciations diverses. Dans un
article paru dans la *Semaine médicale* du 30 mai 1894,
M. le D^r Œttinger ne souscrit pas entièrement aux
idées de Finsen en ce qui concerne l'influence de la
lumière rouge sur la marche de la température dans la
variole. La fièvre du sixième, septième ou huitième
jour, dite fièvre de suppuration, n'est pas entièrement
supprimée. Quant aux cicatrices, si elles ne font pas
totalement défaut, il faut reconnaître toutefois qu'elles
sont considérablement diminuées. En somme, d'après
le D^r Œttinger « si nous n'avons pas dans la méthode
de Finsen un traitement de la variole, nous avons certainement en elle une thérapeutique réellement efficace
de l'éruption variolique : celle-ci évolue plus rapidement, et s'il est peut-être illusoire d'empêcher la vési-
cule de devenir pustule, il n'en est pas moins vrai
qu'en peu de jours la vésico-pustule de la variole se
dessèche, que l'on évite ainsi les cicatrices disgra-
cieuses et que les accidents liés à la suppuration sont
considérablement diminués de fréquence ».

Voilà donc la méthode reléguée au rang d'un « traitement topique ». Et encore, même au point de vue
local, d'après M. le Dr Juhel-Renoy (*Semaine médicale*, 1893, p. 557), ne donne-t-elle de bons résultats
que « dans les formes si discrètes qu'elles guérissent
seules, et cela par les moyens les plus divers ». L'observation d'une de ses malades, placée dans la chambre
rouge au deuxième jour de l'éruption, « contredit

point par point les assertions des médecins qui ont pratiqué l'obscurité ».

Sans doute, répond le Dr Péronnet dans sa thèse sur le *Traitement de la variole par l'obscurité*, il y eut dans le cas de M. Juhel-Renoy, suppuration, fièvre secondaire et cicatrices nombreuses, mais il semble que ces résultats contradictoires puissent être facilement expliqués. Le papier rouge et les rideaux en andrinople n'étaient peut-être pas suffisants là où il faut d'épais rideaux rouges et des carreaux en verre rouge très foncé. Nous savons de plus que dans la journée la surveillance des malades soumis au traitement n'était pas très exacte, et que la lumière solaire n'éprouvait guère de difficultés à pénétrer dans les chambres d'isolement.

Peut-être pourrait-on essayer d'expliquer ainsi les insuccès qu'a donnés la méthode à M. le professeur Courmont sur quatre de ses malades. Traitées au stade uniquement papuleux, toutes quatre ont eu des formes suppurées généralisées. L'obscurité était-elle réalisée à tel point qu'une plaque photographique n'eût pas été impressionnée ? Malgré toutes les précautions prises, M. le professeur Courmont n'oserait l'affirmer. Il conclut que « le traitement par la lumière rouge est, pratiquement au moins, inefficace ». Il est de plus « extrêmement pénible pour le malade et pour le personnel » (La variole à Lyon, par M. le professeur J. Courmont et par MM. Bancel, Montagard, Prat et Pravaz ; *Presse médicale*, 23 mars 1901).

Il est incontestable qu'un séjour prolongé à la lumière rouge présente de sérieux inconvénients. Il détermine des phénomènes d'excitation cérébrale qui peuvent aller jusqu'au délire et jusqu'aux hallucinations terrifiantes, ainsi que l'a observé le Dr Oleinikoff sur neuf de ses malades *(Médecine moderne,* 10 avril 1901). Ces accidents rendent la méthode difficile à appliquer dans toute sa rigueur. Peut-être, en employant la lumière verte, pourrait-on obtenir les mêmes résultats sans s'exposer aux mêmes inconvénients. C'est une expérience que MM. Lortet et Genoud conseillent de tenter.

Il y a donc encore des recherches à faire pour rendre cette méthode plus pratique. Quoi qu'il en soit, les heureux effets qu'on en a obtenus, à en juger par la plupart des observations, montrent bien que la lumière solaire exerce une action nocive sur la peau ; que cette action est due aux rayons chimiques, à ces « promoteurs de vie et d'énergie » dont parle Finsen.

« Dans les circonstances actuelles, on aperçoit difficilement l'influence des rayons chimiques, leur action ne frappant pas directement l'observateur. Cependant, il nous faut bien supposer, surtout si nous rapprochons de ces recherches ce que nous savons par ailleurs des effets de la lumière, que cette action est quotidienne et constante, et qu'elle doit être ainsi d'une grande importance biologique. » (Finsen, *les Rayons chimiques et la Variole.)*

CHAPITRE II

L'action bactéricide de la lumière est due aux rayons chimiques.

Outre cette action nocive sur les tissus, les rayons chimiques possèdent une autre propriété appelée à rendre les plus grands services en thérapeutique : c'est la propriété bactéricide. Elle fut démontrée pour la première fois en 1877 par MM. Downes et Blunt. Ces observateurs exposèrent au soleil deux séries de tubes contenant tous une culture sur liquide sucré et minéral. Les tubes de la première série étaient enveloppés d'un manchon de plomb qui les mettait à l'abri de la lumière sans les protéger contre l'action de la chaleur. Portés à l'étuve après un temps plus ou moins long d'exposition au soleil, les tubes de la première série seuls se peuplaient de colonies, tandis que les autres restaient stériles. La lumière solaire avait donc eu un effet bactéricide sur les cultures qui n'avaient pas été protégées contre son action.

Ces résultats furent confirmés en 1885 par M. le professeur Arloing, qui étudia l'action de la lumière sur le *Bacillus anthracis (Semaine médicale ; Archives de physiologie*, 1886). Voici les conclusions formulées par cet éminent expérimentateur.

« 1° Si l'on fait germer des spores de *Bacillus an-thracis* dans une étuve sombre à température engéné-sique, et que vingt-quatre heures après, on transporte les matras dans une étuve ensoleillée pendant le jour et dans une glacière pendant la nuit, on remarque que la végétation des bacilles n'est pas immédiatement arrêtée par l'action des rayons solaires. Lorsque, à la sortie de l'étuve sombre, la culture renferme du mycélium, celui-ci forme des spores ; lorsque le mycélium ren-ferme déjà des spores, le nombre de ces dernières augmente, les filaments se brisent, quelques spores deviennent libres. En un mot, la culture continue son évolution.

Toutefois cette évolution s'achève avec lenteur et selon le mode qu'elle affecte habituellement dans les milieux putrides peu favorables.

2° Quant à la végétabilité du mycélium plus ou moins sporulé dont le développement s'est opéré à l'étuve sombre, elle n'est détruite qu'après vingt-cinq ou trente heures d'exposition au soleil de juillet, par une température oscillant entre + 3o et + 36 degrés. Il va sans dire que la végétabilité diminue graduelle-ment avant de disparaître.

3° Les modifications de la végétabilité s'accompa-gnent de l'atténuation de la virulence des cultures. Quant aux cultures qui procèdent de spores ensoleillées pendant un temps insuffisant pour en supprimer la vé-gétabilité, elles paraissent douées d'une grande viru-lence.

4° Il n'est donc pas douteux que la lumière solaire puisse atténuer la virulence des cultures du *Bacillus anthracis* et les transformer en une série de vaccins, aussi sûrement que la chaleur. La lumière est donc un agent biologique important dans le monde des infiniment petits.

Il était intéressant de savoir si cette propriété de la lumière est due à l'ensemble de ses rayons constituants ou seulement à quelques-uns d'entre eux plus actifs que les autres.

C'est là un problème que M. le professeur Arloing a, le premier, cherché à résoudre. (Des effets de la lumière artificielle et de la lumière solaire sur le *Ba-cillus anthracis, Archives de Physiologie*, 1886.)

Ses expériences ont porté sur le *Bacillus anthracis* et ont été pratiquées, d'abord à la lumière du gaz, puis à la lumière solaire.

Expériences à la lumière du gaz.

Les sources lumineuses consistaient en de forts becs de gaz dont la flamme était amenée au foyer principal d'une lentille biconvexe de 3 dioptries. Pour obtenir des rayons colorés, on n'avait pas recours au prisme, parce que la source lumineuse n'était pas assez intense. On laissait de côté également les verres colorés parce que le plus souvent, tels qu'ils sont livrés par le commerce, ils ménagent des surprises.

On préférait se servir d'écrans colorés liquides. Mais comme il était très difficile d'obtenir une couleur ne laissant passer que l'un ou l'autre des rayons du spectre, il valait mieux limiter le champ d'expérience à une comparaison de l'obscurité avec la lumière blanche et avec les rayons les plus réfrangibles et les moins réfrangibles du spectre. D'ailleurs, un examen spectroscopique préalable faisait connaître les rayons absorbés par chaque bain coloré.

Afin de pratiquer toutes les expériences dans les mêmes conditions, on employait les mêmes matras dans lesquels on mettait la même quantité de bouillon de culture. Dans la même étuve que le matras exposé à la lumière, et séparé de lui par une cloison opaque, se trouvait un autre matras servant de terme de comparaison. On veillait avec soin à ce que la température fût égale des deux côtés.

Les expériences faites d'abord avec la lumière blanche donnaient les résultats suivants :

1º Si l'on éclaire vivement une culture de *Bacillus anthracis*, la lumière retarde la végétation du mycécélium.

2º Si l'on compare, trente-six heures après le début d'une expérience, une culture faite dans la lumière blanche artificielle à une culture faite dans l'obscurité, on voit des différences à l'œil nu et surtout au microscope.

A l'œil nu, on constate un trouble moins abondant du bouillon vivement éclairé.

Au microscope, le bouillon éclairé présente de longs filaments mycéliques pauvres en spores, tandis que, dans le bouillon placé à l'obscurité, le mycélium est fragmenté et riche en spores.

3º Ces différences sont plus accentuées lorsqu'on féconde les cultures avec du mycélium que lorsqu'on les féconde avec des spores.

4º Elles deviennent surtout manifestes lorsqu'on se place à une température dysgénésique. Si l'on entretient dans l'étuve une température voisine de celle où le bacille ne cultive plus, la vie est comme suspendue dans le matras soumis à la lumière, tandis qu'elle apparaît dans le matras placé à l'obscurité.

« En résumé, la lumière du gaz dirigée sans discontinuité sur des cultures du *Bacillus anthracis* dans un milieu liquide et transparent, gêne légèrement l'évolution du microbe. Cette propriété s'exerce d'une manière insignifiante, lorsque toutes les autres conditions sont favorables au développement de cet organisme. Elle est néanmoins réelle, puisqu'on la rend évidente si l'on rend la température ambiante dysgénésique. »

Etudiant ensuite l'influence des rayons extrêmes du spectre, les rayons calorifiques et les rayons actiniques, M. le professeur Arloing, compare leur action à celle de deux facteurs connus, l'obscurité et la lumière blanche, et voici les résultats qu'il obtient :

a) Si l'on fait simultanément une culture dans l'obscurité et une autre dans les rayons rouges obtenus par le passage de la lumière du gaz à travers une solution de coralline, les résultats diffèrent peu l'un de l'autre à l'œil nu. Mais en recourant au microscope, on s'aperçoit que le nombre des spores, leur netteté et leur réfringence sont plus considérables dans la culture exposée aux rayons colorés.

b) Si l'on compare l'influence de la lumière blanche à celle de la lumière rouge, *a fortiori*, l'avantage appartiendra-t-il à la culture faite sous les rayons rouges ; nous avons pu nous en convaincre sur des cultures en matras et sur des cultures faites sous le microscope dans la chambre humide de Ranvier.

c) Des cultures en matras ou des cultures dans la chambre humide de Ranvier peuvent être exposées comparativement aux rayons rouges calorifiques et aux rayons actiniques situés à droite de la raie de Frauenhofer.

Or, pendant que le mycélium se présente en nombreux filaments courts et chargés de spores dans les cultures conduites sous les rayons rouges, il est plus rare et ses filaments sont allongés et pauvres en spores dans les cultures faites sous les rayons bleus et violets..... *Conséquemment, les rayons actiniques sont moins favorables à la sporulation que les rayons calorifiques*.

Parmi les différents rayons constituant la lumière blanche artificielle, les plus actifs sont incontestablement les plus éclairants, situés entre les raies D et E de Frauenhofer. En effet, si on les aborde au moyen d'une solution d'hémoglobine oxygénée, et si on place des cultures en matras sur un faisceau lumineux ayant traversé cette solution, on remarque que la végétation du mycélium et la sporulation sont plus actives dans ces cultures que dans celles qui ont été faites à la lumière blanche.

Esquissée seulement dans la lumière artificielle, où les rayons éclairants sont peu intenses, l'action dysgénésique de la lumière doit, selon toute présomption, ressortir avec netteté, en exposant les cultures à l'influence des radiations solaires. De là une nouvelle série d'expériences, que M. le professeur Arloing a été amené à pratiquer. Nous ne citerons que celles qui entrent dans le cadre de notre chapitre, et qui ont pour but d'établir « quels sont les rayons constituants de la lumière solaire qui agissent le plus efficacement sur la végétabilité des spores du *Bacillus anthracis* ».

Il ressort de ces expériences que l'influence bactéricide de la lumière n'appartient pas aux rayons calorifiques ou actiniques. « Si l'on place, entre l'héliostat et la porte vitrée d'une étuve, un flacon à faces parallèles plein d'une solution qui n'admet que les rayons rouges ou les rayons actiniques du spectre, on verra les matras éclairés de cette manière se troubler à peu près autant et aussi vite que les matras plongés dans l'obscurité. »

La même expérience, faite plus simplement, en exposant au soleil des cultures immergées dans des vases de liquides colorés, donnent les mêmes résultats. « Si les vases reçoivent les rayons solaires pendant une journée, la culture commence quelquefois à leur intérieur; dans tous les cas, elle se produit normalement quand les tubes sont portés à l'étuve sombre. »

L'action de la lumière est-elle donc l'apanage des rayons lumineux du spectre? M. le professeur Arloing était tenté de le croire, mais il fut désabusé quand il entreprit une démonstration directe. Après avoir transformé le laboratoire en une étuve sombre, il ménagea dans le volet d'une fenêtre exposée au midi une ouverture par laquelle pénétrait une faisceau de lumière solaire. Ce faisceau était dirigé sur l'arête d'un prisme, et donnait au delà un spectre fort étalé. Un tube Pasteur renfermant du bouillon fécondé avec des spores fut suspendu dans chacune des sept couleurs du spectre et resta ainsi exposé, de 11 heures du matin à 3 heures du soir. Portés à l'étuve sombre à température eugénésique, tous les tubes offrirent le lendemain des indices de culture « et il était à peu près impossible de dire si le développement était moins avancé ou moins abondant dans les tubes exposés aux rayons orangés ou jaunes que dans les tubes soumis aux rayons calorifiques ou actiniques. Au contraire, le tube exposé au soleil pendant le même temps était absolument stérile ».

Donc, d'après M. le professeur Arloing, s'il est nettement démontré que le spectre calorifique est hors de cause dans l'action bactéricide de la lumière artificielle, on ne saurait lui contester son rôle, quand il s'agit de la lumière solaire. « Il ne semble pas que l'action suspensive ou destructive de la végétabilité des spores du *Bacillus anthracis* appartienne à quelques-uns seulement des rayons du spectre solaire. Cette propriété est l'apanage de la lumière solaire complète. »

Nous n'avons pas la prétention de critiquer des expériences aussi habilement conduites. D'après M. le professeur Duclaux, « elles paraissent avoir échoué, pour avoir été faites avec un liquide trop bien approprié à la culture du bacille, que n'ont pu stériliser des lumières aussi peu intenses que celles des couleurs étalées d'un spectre, surtout pour des durées d'exposition aussi courtes. A cet égard, le liquide nutritif employé par MM. Downes et Blunt, qui ajoute son infériorité propre aux infériorités déterminées par l'expérience, paraît préférable pour localiser l'action que MM. Downes et Blunt attribuent presque exclusivement aux rayons chimiques. » *(Annales de l'Institut Pasteur,* 1887, p. 88.)

A cette notion M. Duclaux ajoute cette autre, que la lumière est inerte quand elle agit sur des germes exposés dans le vide et que son action est liée à un phénomène d'oxydation.

C'est ainsi qu'il explique la mort rapide des spores dans un liquide nutritif, comparée à leur mort plus lente dans l'eau pure. Dans l'eau pure, il n'y a plus d'oxydation des matériaux du liquide.

A l'appui de cette théorie, E. Roux *(Annales de l'Institut Pasteur*, 1887) fit, dans le courant de la même année, les expériences suivantes : il employa des spores de bactéridie charbonneuse, capables de résister pendant dix minutes à une température de 95 degrés. Dans un tube à essai, incomplètement rempli de liquide nutritif et contenant environ 20 centimètres cubes d'air, il mit une goutte de liquide de culture riche en germes. Ce tube fut exposé au soleil, en même temps que des tubes effilés, fermés aux deux bouts, et complètement remplis du même liquide. La durée d'exposition au soleil fut la même pour les deux sortes de tubes. Des germes recueillis dans chacun d'eux furent ensemencés dans le même liquide nutritif.

De ces expériences, E. Roux tira les conclusions suivantes :

« Les spores de la batéridie charbonneuse résistent longtemps en milieu humide à la lumière du soleil.

« Elles sont tuées beaucoup plus rapidement quand elles sont exposées à l'action simultanée de l'air et de la lumière. »

Toutefois, M. Arloing ne trouve pas ces expériences assez décisives pour permettre de reléguer le soleil au second plan dans la production du phénomène... Pour être renseigné sur la valeur respective de la lumière et de l'air comme agents de destruction, il suffit de comparer ce que deviennent deux cultures abandonnées l'une à l'obscurité et au contact de l'air, l'autre en plein soleil. « La vie durera plus d'un an dans la première, tandis qu'elle sera éteinte au bout de quelques heures dans la seconde » (lettre adressée à M. le directeur des *Annales*, 1887).

En 1891, Geissler *(Archives de médecine expérimentale et d'anatomie pathologique)* fait une étude très complète sur l'influence de la lumière sur les bactéries. D'après lui, le Dr Janowsky, qui a expérimenté sur le bacille de la fièvre typhoïde, a trouvé que la lumière diffuse et les rayons solaires directs ont une influence incontestable sur ce bacille. Les bacilles exposés aux rayons solaires directs étaient tués au bout de six, huit, dix heures. Ils résistaient plus longtemps à la lumière diffuse.

Comparant ensuite l'action des différentes substances colorées, l'auteur trouve que le bacille qui a subi l'influence de la lumière tamisée à travers une solution de bichromate de potasse se développe aussi bien qu'à l'obscurité. *Un examen spectroscopique montre que cette solution ne laisse pas passer les rayons chimiques.*

Les conclusions auxquelles aboutit Santori, cité par Geissler, sont à peu près identiques. Cet auteur a pris en considération la température concomitante et a trouvé que :

1° L'action bactéricide de la lumière solaire est manifeste même avec des températures peu élevées;

2° Les rayons rouges et violets n'ont aucune influence sur la vitalité des bactéries ;

3° Les bactéries à l'état sec résistent davantage à l'action de la lumière ;

4° L'action de la lumière électrique est beaucoup plus faible que celle de la lumière solaire.

5° La bactéridie charbonneuse peut être affaiblie dans sa virulence par l'influence de la lumière.

Décrivant ensuite ses propres expériences, Geissler arrive aux conclusions suivantes :

1° Il n'y a pas de différence qualitative entre la lumière solaire et la lumière électrique ;

2° Toutes les radiations des spectres solaires et électriques *(exception faite pour les radiations rouges)* ralentissent le développement du bacille typhique, et cette influence est d'autant plus forte que l'indice de réfraction des radiations correspondantes est plus grand ou la longueur d'onde plus petite ;

3° L'influence défavorable de la lumière solaire sur le microbe est déterminée non seulement par l'influence immédiate de la lumière sur ce microbe, mais aussi par les changements que la lumière provoque dans les milieux nutritifs.

Citons enfin l'intéressante expérience de MM. d'Arsonval et Charrin (influence des agents atmosphériques, en particulier de la lumière et du froid, sur le bacille pyocyanique, *Semaine médicale*, 1894). Ces auteurs prirent deux tubes identiques contenant chacun 2 centimètres cubes d'une même culture. Pendant le même temps, trois à six heures, ces deux tubes reçurent, avec la même exposition, sous la même incidence, à la même distance, l'un les rayons violets et ceux qui les avoisinent, l'autre les rayons rouges et ceux qui les entourent. Puis on reporta sur agar une goutte de chacune de ces cultures. Après deux jours d'étuve à 35 degrés, seule la culture soumise à la lumière rouge donna des pigments : l'autre était complètement incolore. En prolongeant l'expérience cette seconde culture devint stérile, tandis que la première continua à prospérer. MM. d'Arsonval et Charrin en conclurent que « la différence d'action entre la partie chimique et la partie calorifique du spectre est aussi profonde que possible ».

Sur la foi de ces expériences, et bien que quelques-unes d'entre elles puissent nous paraître contradictoires, nous sommes en droit d'admettre :

1° Que la lumière agit sur les microbes ou sur leurs spores pour en ralentir le développement ;

2° Que c'est à ses rayons actiniques qu'elle doit cette propriété.

CHAPITRE III

Dans la méthode photothérapique imaginée par Finsen, que l'on se serve de l'appareil Finsen ou de l'appareil Lortet-Génoud, les résultats obtenus sont imputables aux radiations chimiques.

Grâce à leur double action sur la peau et sur les microorganismes, les rayons chimiques peuvent jouer un rôle thérapeutique des plus efficaces. C'est à M. le professeur Finsen que revient l'honneur d'avoir été le premier à attirer l'attention des praticiens sur le parti que l'on pouvait en tirer dans le traitement de certaines dermatoses bactériennes. Le lupus était de toutes ces affections celle qui se présentait dans les conditions les plus favorables pour la mise en œuvre de ce procédé thérapeutique.

Les premiers résultats obtenus ayant été des plus encourageants, un Institut dû à la générosité privée et à une subvention du Gouvernement danois a été fondé à Copenhague avec ce programme : *Faire et soutenir des recherches scientifiques concernant l'action de la lumière sur les organismes vivants, principalement pour en appliquer les résultats au service de la méde cine pratique.*

Le principe de la méthode consiste à utiliser les effets bactéricides de la lumière en la concentrant au moyen de miroirs ou de lentilles. De cette lumière ainsi concentrée, il faut en outre enlever les rayons calorifiques pour éviter une combustion des tissus. Enfin, comme le sang absorbe les rayons chimiques et empêche leur pénétration à travers les tissus de l'organisme, il faut chercher à le chasser autant que possible des régions destinées à subir l'action de la lumière.

C'est là le triple but réalisé par l'appareil Finsen, dont voici une description sommaire.

L'instrumentation diffère suivant que l'on utilise, comme source lumineuse, le soleil ou l'arc voltaïque, l'un et l'autre étant employés indifféremment, ce dernier cependant se montrant plus actif.

L'appareil employé pour concentrer la lumière solaire consiste en une lentille de 25 à 30 centimètres de diamètre, formée d'une plaque de verre plane et d'une autre convexe. Entre ces deux verres se trouve un espace d'une contenance de 2 litres environ, rempli d'une solution de sulfate de cuivre ammoniacal qui absorbe les rayons rouges, orangés, jaunes et verts. En d'autres termes, ce dispositif débarrasse la lumière de la plus grande partie des rayons calorifiques, tandis qu'il laisse passer la presque totalité des rayons chimiques, les seuls utiles.

Quand on utilise l'arc voltaïque, on emploie pour concentrer la lumière des lentilles en cristal de roche, substance qui laisse passer les radiations de longueur d'onde inférieure, comprises entre 200 μ et 300 μ, tandis que le verre ordinaire arrête ces radiations.

La dose thérapeutique de la lumière s'obtient en prenant un arc voltaïque à courant continu très puissant, variant dans les limites de 6o à 8o ampères. Le voltage est de 4o à 5o volts. Le schéma ci-joint permet de saisir facilement la disposition de l'appareil (v. figure schématique).

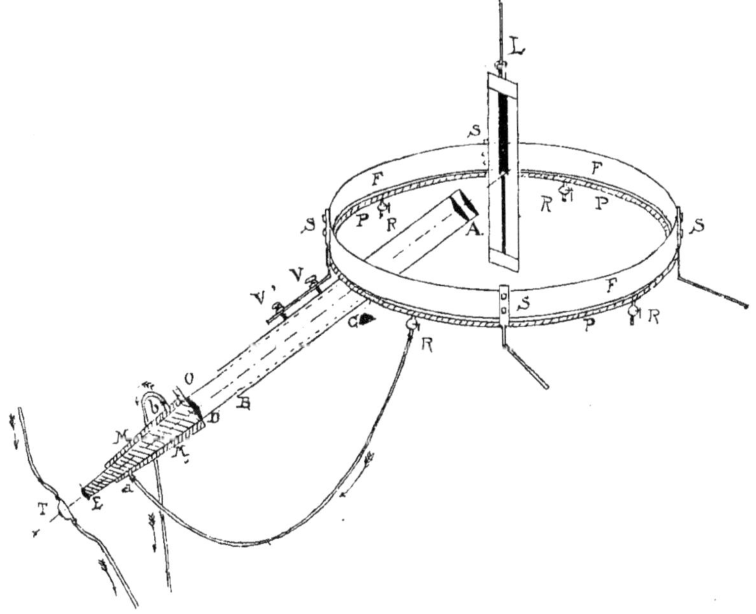

Fig. 1.

Sur un cercle de fer F de 8o centimètres de diamètre, se trouve suspendu par un support S un accumulateur de lumière convergeant vers la source lumineuse représentée par l'arc voltaïque. L'axe de l'accumulateur se trouve dans le prolongement de la partie la plus éclairante de l'arc. Le support maintenu par deux écrous peut s'élever ou s'abaisser de plusieurs centimètres.

L'accumulateur maintenu par les deux vis V V' peut glisser sur la branche inférieure du support. Ce dispositif permet le réglage de l'accumulateur en ce qui concerne sa hauteur et sa distance de l'arc.

Ce réglage obtenu, la lampe L qui peut elle-même s'abaisser ou s'élever, est fixée dans la position déterminée par des fils métalliques. En P P est figuré un tube de plomb dans lequel circule de l'eau. R est le robinet servant de prise.

Le collecteur est composé de deux tubes s'emboîtant à la façon d'un télescope. Le tube A B long de 60 centimètres est fixe. Il porte à son extrémité A un système de lentilles en cristal de roche de 7 centimètres de diamètre et dont le foyer est à 12 centimètres. Ces lentilles ont pour effet de rendre parallèles les rayons divergents émis par l'arc voltaïque. Ce dernier doit donc se trouver à 12 centimètres de l'extrémité A du tube. Le tube C D E est mobile dans le tube A B, ce qui permet d'amener au point voulu son extrémité E. La partie D E du tube est d'une longueur de 30 centimètres. En D et en E deux lentilles en cristal de roche forment un système convergent dont le foyer se trouve à peu près à 10 centimètres de la lentille E. Par l'orifice O, on remplit avec de l'eau distillée l'espace compris entre les lentilles E et D. L'eau absorbe les rayons ultra-rouges, c'est-à-dire ceux qui produisent le plus de chaleur. Un manchon métallique M M, dans lequel circule un courant d'eau froide, empêche le trop grand échauffement de cette eau.

La compression est faite au moyen d'un anneau métallique, sur lequel sont enchâssés deux disques en cristal de roche. Deux petits ajutages permettent de faire circuler dans l'appareil un courant d'eau froide. Le rôle du compresseur est, non seulement de déterminer l'ischémie des tissus, mais aussi de les soumettre à un refroidissement constant et, par là, de les soustraire à l'action des rayons calorifiques. Ces compresseurs sont de différentes dimensions De plus, la partie qui s'applique directement sur la peau malade est plane ou plus au moins convexe, suivant les points sur lesquels doit porter la compression.

Que l'on se serve de la lumière solaire ou de la lumière électrique, on obtient en dernière analyse une petite zone active de lumière, de la grandeur d'une pièce de 1 franc environ, qui, après sélection des radiations, renferme des rayons chimiques concentrés à dose suffisante pour mettre en œuvre d'une façon pratique l'action bactéricide et modificatrice de la lumière. Grâce à la compression, cette action peut se faire sentir plus ou moins profondément dans l'intérieur des tissus.

Avec la lumière du soleil, il faut ordinairement une exposition d'une heure et quart environ pour obtenir le résultat qu'on se propose d'atteindre. Avec la lumière électrique, une heure suffit.

Immédiatement après, la peau est plus ou moins rouge, quelquefois même un peu douloureuse. L'inflammation se développe progressivement, mais n'atteint son maximum que dix ou douze heures après. Parfois on observe un léger suintement séreux ou la formation de petites vésicules. Chez certains sujets à peau très sensible, cette réaction est tellement marquée qu'elle ressemble à une poussée érysipélateuse, et force est alors de réduire de beaucoup la durée des séances.

Après un laps de temps, qui varie entre quatre et et huit jours, les phénomènes inflammatoires disparaissent et se terminent par une légère desquamation. Sur la peau saine, on observe la plupart du temps des pigmentations parfois rebelles, mais qui finissent toujours par disparaître.

Sur la peau malade et spécialement sur le lupus, cette pigmentation ne se produit pas. A la place des tissus malades et quand les phénomènes réactionnels ont disparu, on trouve un tissu absolument sain d'apparence, souple au toucher et de coloration normale.

L'action physiologique des radiations chimiques concentrées étant établie, voici comment on procède dans la direction du traitement. Supposons qu'il s'agisse d'un lupus.

Quotidiennement, une partie des régions malades est exposée pendant le temps voulu à l'exposition des rayons lumineux, jusqu'à ce que toutes les parties atteintes par le lupus aient subi à leur tour cette exposition, en ayant soin autant que possible de débuter par la périphérie, afin de limiter l'extension de la maladie.

Quand tous les points ont été successivement traités, il faut examiner attentivement le sujet et soumettre de nouveau au traitement les parties dans lesquelles on observerait quelque point suspect. Le traitement est long assurément et n'exige pas moins de 100 à 120 séances pour un lupus de moyenne étendue.

Mais cet inconvénient est largement compensé par

lés résultats obtenus, surtout sur le lupus tuberculeux car, à vrai dire, c'est dans le lupus tuberculeux seulement que la méthode s'est montrée jusqu'à présent constamment active.

Au 31 décembre 1890, sur 462 lupus tuberculeux traités au « Finsens medicinske Lysinstitut » on comptait 311 guérisons. Les autres étaient encore en traitement ; 4 seulement avaient été totalement réfractaires.

A-t-on à redouter la récidive? Il est difficile de se prononcer d'une façon définitive. Voici ce que dit Finsen à ce sujet :

D'abord, on ne voit jamais les éruptions lupiques augmenter d'étendue à partir du moment où le traitement est institué, pourvu qu'on ait soin de commencer par les bords du placard. En second lieu, les effets de la lumière sur le lupus continuent à se produire, même après la cessation du traitement : c'est ainsi qu'on voit des taches suspectes s'effacer d'elles-mêmes au bout de quelques mois.

C'est exactement ce que nous avons observé chez les malades qui ont été traités dans notre laboratoire. Mettant en pratique le principe de Finsen, nous avons commencé le traitement par la périphérie du placard lupique, en empiétant même un peu sur la peau saine. Dans chaque cas, la marche envahissante du lupus a été ainsi arrêtée. De plus, nous n'avons jamais eu à noter des récidives sur les points qui avaient déjà cédé au traitement. Enfin, il nous a été donné d'observer chez un de nos malades ces effets éloignés de la lumière dont parle le professeur Finsen. Ce malade semblait découragé par l'insucces apparent des premières applications qui lui avaient été faites, lorsque, deux mois après, il a vu les points traités se modifier progressive-menent et reprendre la coloration de la peau normale.

L'ensemble de ces résultats explique le retentisse-ment qu'a eu la méthode en Europe. Tous ceux qui l'ont expérimentée, Petersen en Russie, Mackenzie et Keime en Angleterre, Lortet, Genoud, Gastou, Leredde, en France ont, à l'unanimité, proclamé son efficacité.

C'est à MM. Lortet et Genoud que revient l'honneur de l'avoir vulgarisée en France. Edifiés par les merveil-leux résultats qu'ils avaient observés, lors de leur séjour à Copenhague en juin 1900, ils s'empressèrent de les publier en y joignant une description complète de la méthode et de l'appareil. (Lortet-Genoud, *la Lumière agent thérapeutique*, méthode du professeur Finsen de Copenhague, octobre 1900.) Un appareil Finsen fut installé dans leur laboratoire de la Faculté de médecine. Plusieurs lupus soumis au traitement présentèrent une amélioration notable. C'était pour MM. Lortet et Ge-noud une confirmation personnelle des résultats qu'ils avaient déjà constatés.

Ils cherchèrent dès lors à simplifier la méthode pour la mettre à la portée de tous les praticiens.

En effet, sans préjudice des résultats obtenus qui sont incontestablement excellents la méthode, telle qu'elle est appliquée par le professeur Finsen, donne lieu à certaines critiques d'ordre purement pratique :

1° Elle exige un dispositif compliqué et nécessite une véritable installation hors de portée de toutes les clini-ques privées.

2° L'arc voltaïque employé à une intensité de 60 à

8o ampères. Outre qu'il n'est pas facile dans la pratique de se procurer un courant d'une telle intensité, ce chiffre représente un gros débit et, par suite, un procédé de traitement dispendieux.

3° Le temps d'exposition est un peu long et suppose, pour suffire à la tâche, un personnel et des appareils nombreux.

De plus, dans l'appareil du professeur Finsen, le condensateur ayant pour but de concentrer la lumière au maximum, tout en la débarrassant de ses rayons calorifiques, fait perdre une quantité importante de rayons chimiques et ne donne, en dernière analyse qu'une zone active de la dimension d'une pièce de 1 franc.

Il fallait donc chercher à supprimer le condensateur. Pour cela, il fallait utiliser les rayons chimiques le plus près possible de leur origine et, en même temps, soustraire le malade à l'action des rayons calorifiques.

L'appareil de MM. Lortet et Genoud répond à cette double condition. Entre la source lumineuse et le malade, se trouve un véritable écran constitué par une cuvette à double fond, dans laquelle circule un courant d'eau destiné à en empêcher l'échauffement. Cette cuvette est percée d'un orifice qui laisse passer la lumière, et qui est lui-même fermé par un compresseur, sorte d'obturateur creux, limité par deux lentilles de cristal de roche; dans cette appareil, dont une des faces est appliquée sur la peau, circule constamment un courant d'eau froide.

La partie traitée se trouve ainsi à 3 ou 4 centimètres du foyer lumineux, et les rayons chimiques viennent la frapper sans avoir subi de concentration.

La source lumineuse est constituée par un arc à
courant continu. Le courant, de 12 à 15 ampères et de
55 à 65 volts, peut être réglé au gré de l'opérateur au
moyen d'une résistance. Des deux charbons, le positif

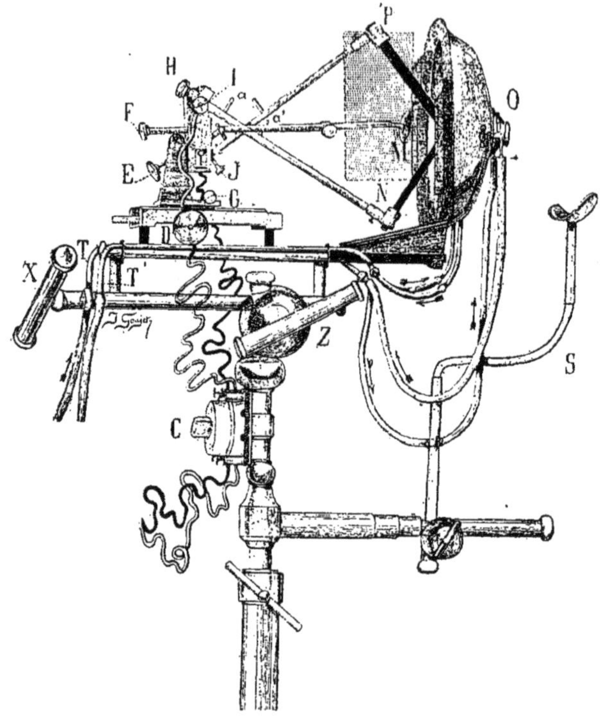

Fig. 2.

est placé en haut a 12 millimètres de diamètre, le négatif en bas, a 8 millimètres de diamètre. Ils sont in-
clinés l'un vers l'autre à angle aigu, de telle sorte que le
charbon positif creuse dans le charbon négatif un cratère,
d'où la lumière émane sous la forme d'un cône à base
excentrique. L'axe de ce cône se confondant avec celui

de la cuvette, la plus grande partie de la lumière vient frapper l'obturateur (v. fig.).

Les petits leviers *a* et *a'* permettent d'enlever et de remplacer les charbons. Le réglage de l'arc se fait au moyen d'un système de vis : la vis F règle l'écartement des charbons. H permet d'avancer ou de rouler le char-

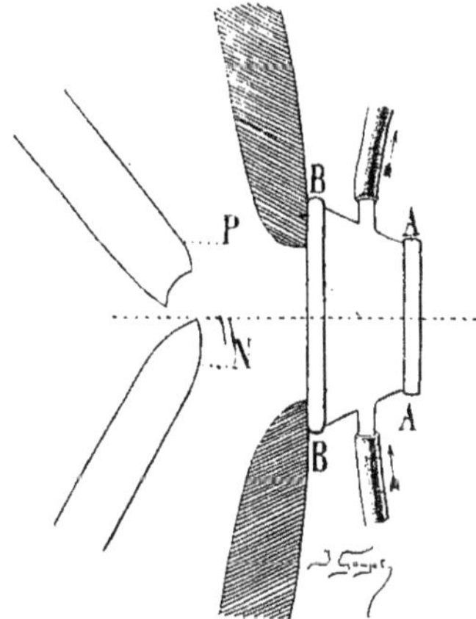

Fig. 3.

bon négatif. J sert aux mouvements de latéralité du charbon positif.

L'ensemble de l'arc est aussi mobile en tous sens. La vis E l'élève ou l'abaisse, D l'avance ou le recule, et G lui imprime des mouvements de latéralité.

La cuvette à double fonds est oblongue et doit à cette forme de fournir aux rayons calorifiques une grande surface d'absorption pour un petit volume.

Derrière l'arc, un miroir M, mobile dans le sens antéro-postérieur, empêche la projection de la lumière en arrière.

Le compresseur qui s'adapte à l'orifice de la cuvette est constitué par une monture métallique tronc-conique fermée à ses deux extrémités par une lentille en cristal de roche. Grâce au pouvoir bon conducteur de cette substance, les rayons calorifiques qui arrivent sur une des faces de la lentille sont rapidement neutralisés par le courant d'eau froide qui circule sur l'autre face.

La lentille en cristal de roche B B qui est en rapport avec l'orifice de la cuvette est d'un diamètre constant de 4 centimètres. Celle qui doit être appliquée sur la peau A A est de dimensions variables ; les diamètres les plus courants sont 1 cm. 5, 2 et 3 centimètres. On peut donner à la lentille telle forme qu'on désirera. Ce petit appareil est facilement démontable et les pièces peuvent être changées à volonté.

La circulation d'eau se fait par l'intermédiaire de deux grands tubes T et T' d'apport et de déversement, qui desservent à la fois le compresseur et la cuvette. Le tube T, mis en communication avec une prise d'eau, se bifurque en deux branches destinées l'une au compresseur, l'autre à la cuvette. Le déversement se fait par les deux autres tubes distincts qui vont aboutir au tube T'. Dans la cuvette, le tube d'arrivée de l'eau débouche à la partie inférieure, tandis que le tube de sortie se prolonge jusqu'à la partie supérieure ; ainsi, l'eau se renouvelle régulièrement et par couches successives de bas en haut.

Un robinet à trois voies réunit les tubes d'arrivée et de sortie de la circulation du compresseur. Ce dispositif permet d'arrêter l'écoulement dans ce dernier quand on veut le changer pour l'adapter aux besoins du traitement.

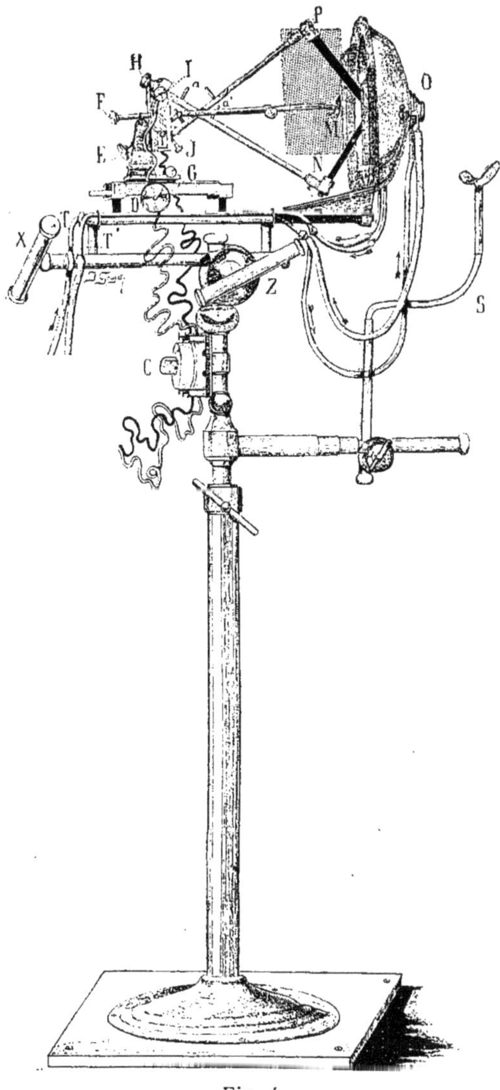

Fig. 4.

L'appareil, monté sur un pied massif, peut se mouvoir en tous sens, grâce à une articulation à genouillère spéciale.

Nous croyons inutile d'insister ici sur le manuel opératoire : on en trouvera tous les détails dans l'intéressante description qu'en a faite M. le Dr Bayle *(La Photothérapie*, th. de Lyon, 1901).

Cet appareil extrêmement simple rend plus facile l'application de l'admirable méthode du professeur Finsen. Il n'exige qu'un courant de 12 à 15 ampères et réalise ainsi une économie appréciable. Mais son principal avantage est de supprimer le condensateur et de permettre d'utiliser les rayons chimiques à 4 centimètres de leur origine.

Aussi, avec cet appareil, obtient-on en trois ou quatre secondes la réduction complète du papier sensible au citrate ; il faut six secondes avec celui de Finsen. Sur les tissus, la différence d'action est encore plus sensible : une application de trois minutes produit un érythème intense et il ne faut pas plus de douze à quinze minutes pour produire des effets réactionnels et curatifs. D'où résulte une économie de temps et de personnel.

Mais étant donnée la faible distance qui sépare le foyer lumineux de la partie traitée, il est permis de se demander si la lumière n'agit pas plutôt par ses rayons calorifiques que par ses rayons chimiques.

« Cette question est d'autant plus naturelle à se poser, dit M. le professeur Bordier, que les différents réactifs, tels qu'un thermomètre ou la peau, placés à quelque distance du compresseur, indiquent le passage des

radiations calorifiques à travers les faces de la lentille
et la couche d'eau circulant entre ces faces. »

Tout d'abord, les caractères de la réaction produite
sur la peau après une application de cinq minutes, ne
plaident pas en faveur d'une brûlure : cette réaction
apparaît tardivement, dix ou douze heures et même
vingt-quatre heures après le traitement ; en outre, elle
est très lente à régresser et l'on voit l'érythème persis-
ter plusieurs mois, surtout sur la peau saine.

Pour déterminer d'une façon absolue l'action des
rayons chimiques, nous avons imaginé une série
d'expériences ayant pour but d'étudier séparément la
partie calorifique et la partie chimique du spectre. Il
fallait pour cela substituer à l'eau qui circule dans le
compresseur deux liquides laissant passer uniquement
l'un les rayons calorifiques, l'autre les rayons chimiques. Une séparation aussi exclusive est évidemment
irréalisable et l'on ne doit s'attendre qu'à des résultats
approximatifs.

Nous avons eu recours à une solution rouge de fuchsine pour absorber les rayons chimiques et à une solution bleue de sulfate de cuivre ammoniacal pour absorber les rayons calorifiques.

Il s'agissait d'établir tout d'abord la quantité de
radiations calorifiques qui passent à travers chacune
de ces solutions.

La mensuration directe avec un thermomètre placé
à une certaine distance du compresseur eût été défec-
tueuse. La rapidité avec laquelle montait la température pouvait donner lieu à des erreurs d'appréciation
considérables.

Nous avons préféré nous servir du dispositif suivant :

Sur le compresseur de l'appareil Lortet-Genoud, nous avons maintenu appliquée au moyen de liens élastiques, une cuvette cylindrique, longue de 4 centimètres, constituée par une monture métallique fermée à ses deux bouts par une lentille en cristal de roche (v. fig. 5). L'espace compris entre ces deux lentilles

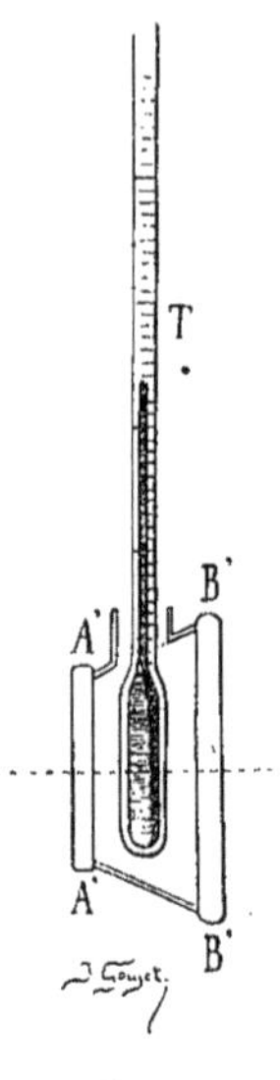

Fig. 5.

est rempli d'eau ordinaire, dans laquelle plonge un thermomètre fixé à une tubulure. Dans le compresseur de l'appareil circule soit de l'eau ordinaire, soit une solution de fuchsine, soit enfin la solution de sulfate de cuivre ammoniacal. Grâce à la parfaite conductibilité du cristal de roche, ce courant refroidit l'eau de la cuvette et contre-balance dans une certaine mesure l'effet de la chaleur.

1ʳᵉ Expérience

La cuvette est appliquée sur le compresseur (v. fig. 6)
dans lequel circule de l'eau ordinaire. Le thermomètre qui plonge dans la cuvette marque 19 degrés.
On établit le courant et on transporte l'arc à 3 centimètres du compresseur.

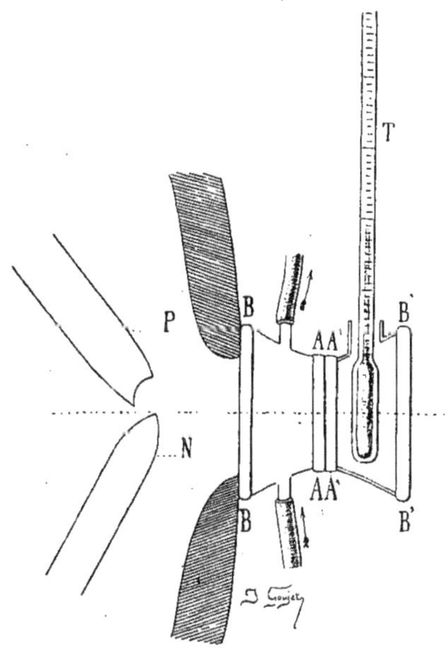

Fig. 6.

Au bout de cinq minutes la température du thermomètre qui plonge dans la cuvette monte à 32 degrés.

2ᵉ Expérience

Les mêmes conditions sont respectées : l'arc est à la

même distance du compresseur, la température initiale de l'eau contenue dans la cuvette est la même.

Dans le compresseur circule une solution rouge de fuchsine, qui s'écoule d'un récipient placé à une hauteur de $2^m 5o$.

Au bout de cinq minutes, le thermomètre plongé dans la cuvette marque 31 degrés.

La solution de fuchsine laisse donc passer, à un degré près, la même quantité de radiations calorifiques que l'eau ordinaire. Mais elle absorbe la plus grande partie des rayons chimiques, car une feuille de papier sensible au citrate, appliquée. pendant trois minutes devant le compresseur de l'appareil, ne subit pas la moindre altération.

3e Expérience

Nous plaçant toujours dans les mêmes conditions, nous avons pratiqué l'expérience inverse, en substituant à l'eau du compresseur une solution de sulfate de cuivre ammoniacal. Notre but était d'absorber la plus grande partie des radiations calorifiques, tout en laissant passer les radiations chimiques.

Au bout de cinq minutes, la température du thermomètre plongé dans la cuvette monte de 19 degrés à 25 degrés seulement.

Une feuille de papier sensible laissée durant trois minutes devant le compresseur est assez fortement impressionnée.

Cette solution laisse donc passer incontestablement une certaine quantité de radiations calorifiques. Mais l'élévation de température n'est que de 6 degrés, tandis qu'elle est de 13 degrés lorsqu'on emploie la solution de fuchsine. La différence est assez importante pour qu'il nous soit permis d'en tenir compte.

De plus, le faisceau lumineux qui a traversé cette solution violette possède encore la plus grande partie de ses radiations chimiques, puisqu'il impressionne assez fortement le papier sensible au citrate.

Ces données étant acquises, nous avons étudié les effets sur la peau, de la lumière tamisée à travers chacune de ces solutions.

Avec l'appareil Lortet-Genoud, lorsqu'on se place dans les conditions normales, une application de cinq minutes sur la peau saine suffit à produire une réaction intense, caractérisée par de l'érythème et une phlyctène.

Or, lorsqu'on tamise le faisceau lumineux à travers la solution rouge de fuchsine employée dans notre deuxième expérience, une application de cinq minutes ne produit plus aucun effet.

Ce ne sont donc pas les radiations calorifiques qui agissent, puisqu'elles passent presque intégralement à travers cette solution. Nous sommes autorisés à admettre que la réaction est due plutôt aux radiations chimiques, absorbées par la solution de fuchsine.

Nous avons d'ailleurs obtenu la confirmation positive de ce fait en exposant la peau de l'avant-bras au faisceau lumineux tamisé par la solution de sulfate de cuivre ammoniacal. Cette solution, comme nous l'avons établi par notre troisième expérience, absorbe la plus grande partie des radiations calorifiques, et laisse passer une grande quantité de rayons chimiques. Or, après une application de cinq minutes faite dans ces conditions, nous avons observé la réaction habituelle.

Les résultats de ces expériences concordent, comme on le voit, avec ceux qu'avait obtenus le professeur Bouchard, en se servant du prisme pour dissocier le faisceau lumineux.

Cette question de l'action des rayons chimiques a passionné en ces derniers temps beaucoup de physiciens. A Lyon notamment, nous avons eu la satisfaction de voir nos résultats confirmés par la voix autorisée de M. le professeur Bordier. Cet habile physicien a pratiqué des expériences dont nous donnons ici le résumé, avec sa bienveillante autorisation. Elles seront publiées dans le numéro du 15 décembre des *Archives d'électricité médicale*, sous le titre : « Mécanisme de l'action de l'arc électrique sur les tissus dans la photothérapie ».

M. Bordier a cherché à obtenir un liquide laissant passer les radiations calorifiques, et absorbant complètement les radiations actiniques. Il s'est adressé à une solution d'iode et de chloroforme à 1 pour 100. Mais il fallait rechercher si cette solution était tout à fait diathermane, ou si elle n'absorbait pas une certaine partie des radiations calorifiques C'est ce que des expériences préliminaires ont eu pour but de faire connaître.

1° Un ballon de 6 centimètres de diamètre contenant du chloroforme pur, et dont le centre est à 14 centimètres de l'arc, donne un foyer à 4 centimètres de sa paroi. On place à ce foyer un vase en laiton contenant

20 grammes d'eau distillée et entouré de feutre épais, sauf en un point circulaire. La température initiale était de 27°1. Au bout de cinq minutes on arrête l'arc. La température est montée à 3o degrés. Il y a donc eu élévation de 2°9.

2° Même expérience, ne différant de la précédente qu'en ce que le chloroforme pur est remplacé par une solution d'iode à 1 pour 100 dans du chloroforme. Le vase de laiton est placé à la même distance. Température initiale 27°4. L'arc électrique est actionné pendant quatre minutes. La température monte et s'arrête à 3o°5. L'élévation de température est ici de 3°1.

« On doit conclure de ces expériences que la transmission des rayons calorifiques n'est pas affaiblie par l'iode dissous dans le chloroforme, bien que toutes les radiations lumineuses soient complètement arrêtées par cette solution. »

Les rayons chimiques sont aussi absorbés, car en plaçant une feuille de papier sensible au foyer du ballon, on ne constate aucune altération.

Il était facile, après ces expériences, de rechercher si, dans la photothérapie, l'érythème produit est dû aux rayons calorifiques ou aux rayons chimiques. Une circulation de chloroforme iodé à 1 pour 100 a été établie dans le compresseur.

Dans une première expérience, après avoir constaté à l'aide d'un papier photographique qu'il ne passait à travers le compresseur aucune radiation chimique, deux sujets différents ont appliqué la peau de leur avant-bras sur le compresseur, pendant une minute. Aucun érythème n'a pu être constaté ni sur l'un ni sur l'autre.

Dans une deuxième expérience faite sur les mêmes sujets et en des régions différentes de l'avant-bras, l'application a duré trois minutes : on n'a pas observé non plus le moindre érythème.

Enfin, dans une troisième expérience, la durée de l'exposition a été portée à quatre minutes, temps suffisant, lorsqu'on se place dans les conditions normales, pour produire la vésication. « Or, avec la solution d'iode chloroformique, *il ne s'est manifesté aucune modification de la peau.* »

« Toutes les expériences précédentes », conclut M. le professeur Bordier, « permettent donc d'affirmer que l'action de l'arc électrique sur les tissus, dans l'appareil photothérapique de MM. Lortet et Genoud, est due seulement aux radiations actiniques de petite longueur d'onde, et que l'érythème ou la vésication constatés sur les tissus appliqués contre le compresseur ne sont en aucune façon le résultat des rayons calorifiques, comme on aurait pu le supposer *a priori.*

Dans les expériences qui précèdent, les rayons chimiques sont absorbés par la solution colorée qui circule dans le compresseur. Un autre moyen s'offre à nous d'empêcher leur action sur les tissus, c'est de teindre la partie de la peau exposée au faisceau lumineux avec la solution rouge utilisée dans notre deuxième expérience. La peau de notre avant-bras préalablement lavée à l'éther, a été colorée avec la solution de fuchsine sur une étendue correspondant exactement à la dimension du compresseur. Nous avons fait ensuite sur la partie colorée une application

de trois minutes, suffisante dans les conditions normales pour produire un érythème intense. Aucune réaction n'a été observée.

Le lendemain nous avons recommencé l'expérience
en appliquant le compresseur, moitié sur la peau colorée en rouge, moitié sur la peau normale. Comme dans
le cas précédent l'application a duré trois minutes. Or,
la réaction apparue dix heures après s'est dessinée
sous la forme d'un demi-cercle correspondant exactement à la moitié du compresseur qui était appliquée
sur la peau normale.

Il est donc surabondamment démontré par toutes
ces expériences, que, même dans l'appareil de
MM. Lortet et Genoud, les radiations calorifiques sont
tout à fait étrangères à la réaction obtenue. Il faut
reconnaître cependant qu'une grande quantité de chaleur passe à travers le compresseur.

En effet, un thermomètre suspendu à l'intérieur
d'une capsule de liège qu'on maintient appliquée contre le compresseur monte à 240 degrés au bout de
cinq minutes d'exposition. Dans ces conditions, comment expliquer l'absence de sensation de brûlure ?

Dans l'article déjà cité, M. le professeur Bordier a
donné une explication basée sur la mauvaise conductibilité de la peau. Voici, d'après lui, comment les
choses se passent : « Les radiations calorifiques qui
traversent la lentille d'eau formant le compresseur
tendent à élever la température des tissus ; si ces derniers avaient une conductibilité de même ordre de
grandeur que les métaux, cette élévation thermomé-
trique se produirait certainement. Mais à cause de la

très faible conductibilité calorifique de ces tissus la face
du compresseur qui est en contact avec eux et qui' est
en cristal de roche, c'est-à-dire en un corps dont la
conductibilité calorifique est grande et bien supérieure
à celle de la peau, gagne immédiatement la quantité
de chaleur qui tendrait à élever la température cutanée
et cède ensuite cette chaleur à l'eau qui circule dans la
lentille. »

Nous n'avons pas la prétention de réfuter cette
théorie émise par une voix aussi autorisée. Cependant,
à la suite d'expériences poursuivies depuis longtemps,
en collaboration avec M. le Dr Genoud, dans le laboratoire de M. le professeur Lortet, nous sommes arrivé
à une interprétation un peu différente, en faisant inter-
venir la conductibilité de la peau prise dans son
ensemble (épiderme et couches sous-épidermiques).
Cette conductibilité est suffisante pour permettre à
l'action réfrigérante du compresseur de s'exercer
assez profondément dans les tissus, et pour empêcher
ainsi ces derniers de s'échauffer, bien qu'ils soient tra-
versés par des radiations calorifiques.

Si, après avoir actionné l'arc électrique, on applique des fragments de peau humaine sur la face du compresseur, voici ce qu'on constate :

La peau laisse passer des radiations calorifiques en
plus ou moins grande quantité, suivant sa plus ou
moins grande épaisseur; un thermomètre placé derrière elle, mais sans la toucher, accuse une élévation
de température, qui peut aller au bout de cinq minutes
jusqu'à 160 degrés. Cependant cette peau ne s'échauffe
nullement, comme on peut s'en assurer en appliquant

la main sur sa surface. L'influence du froid, qui ne peut pénétrer dans les tissus que par conductibilité, est donc suffisante, semble-t-il, pour neutraliser dans l'intérieur de ces mêmes tissus, l'influence des radiations calorifiques accompagnant les radiations du spectre visible.

Il faut donc que la peau considérée dans son ensemble (épiderme et couches sous-épidermiques) soit douée d'une certaine conductibilité. En effet, interposons entre elle et le compresseur un corps mauvais conducteur de la chaleur (papier à décalquer, papier filtre, morceau de soie ou, même plaque de verre). Ces substances laissent passer les radiations calorifiques qui accompagnent la partie visible du spectre ; mais, par leur mauvaise conductibilité, elles mettent obstacle à l'action réfrigérante du compresseur. Aussi la peau ne tarde-t-elle pas à s'échauffer. Si l'on remplace ces corps mauvais conducteurs par d'autres bons conducteurs (disque en cristal de roche par exemple), l'échauffement de la peau ne se produit pas, bien que la même quantité de radiations calorifiques arrive jusqu'à elle. La raison en est dans la bonne conductibilité du cristal de roche qui transmet aux tissus le froid venant du compresseur.

Si, entre la main et le compresseur on interpose une mince feuille de papier, on n'éprouve pas de sensation de chaleur, parce que cette feuille, quoique mauvais conducteur, est assez mince pour que la réfrigération puisse se faire au travers d'elle. Si nous plions cette feuille en deux, l'impression de chaleur devient à peine sensible ; elle est intolérable si on plie la feuille en 8 ou 16, parce que dans ces conditions le compresseur ne peut plus exercer sa réfrigération, tandis que les radiations calorifiques continuent à passer.

C'est ce qui explique qu'on ne peut maintenir l'ongle appliqué contre le compresseur : la matière cornée laissant passer une certaine quantité de radiations calorifiques, et, d'un autre côté, mettant obstacle par sa mauvaise conductibilité à la réfrigération des tissus sous-jacents, il se produit un échauffement rapide.

Sans vouloir tirer de ces expériences des conclusions trop absolues, M. le Dr Genoud se croit néanmoins autorisé à admettre une certaine conductibilité de la peau, conductibilité qui serait suffisante pour neutraliser les radiations calorifiques transmises par rayonnement dans l'intérieur des tissus.

Quelle que soit l'explication que l'on puisse donner de ce phénomène, il est incontestable que dans l'appareil de MM. Lortet et Genoud, les tissus placés à 5 centimètres d'un arc électrique intense ne sont pas brûlés, et que la réaction obtenue est due exclusivement aux radiations chimiques.

CONCLUSIONS

I. Les effets connus de la lumière concernant son action sur la peau et sur les microorganismes sont dus à l'action des rayons chimiques.

II. Dans la méthode photothérapique imaginée par le professeur Finsen de Copenhague, que l'on se serve de l'appareil Finsen ou de l'appareil de MM. Lortet et Genoud, les résultats obtenus sont imputables aux radiations chimiques.

TABLE DES MATIÈRES

Lyon. — Imp. A. REY, 4, rue Gentil. — 28400

9 782329 154978